30 分钟快速表现

产品设计

卜立言　卜一丁　张娜 著

U0320980

上海人民美術出版社

目　录

前言

　　产品设计快速表现作为一门非常重要的基本专业技能，是每一位产品设计专业的学生和产品设计师所必须掌握的。其功能在于对设计构思的表达、推敲与完善，是设计师与人沟通、交流的特殊语言。也是目前产品设计专业研究生入学考试的必考科目之一。因此，很好地掌握这门技能是非常重要的。

　　本书从产品设计快速表现概述出发，深入浅出地介绍了产品快速表现的绘制工具、透视原理、线条与明暗表现、色彩与材质表现几方面的重要知识点。并通过不同材质产品的绘制步骤来演示和讲解其绘制过程、方法及表现要点。最后通过作品赏析展示优秀的产品快速表现作品。

　　书中将产品设计快速表现学习过程中所遇到的各种常见的问题量化，并很好地说明了解决这些问题的方法，又提示了在绘制过程中需要注意的问题。从专业的技能、技巧的角度寻找各种解决方法，以此来帮助热爱产品设计表现的人们能够尽快熟悉和掌握这门"设计语言"。

　　本书由沈阳航空航天大学卜立言、辽宁石油化工大学卜一丁、沈阳化工大学张娜撰写完成。其中第一章～第四章由沈阳航空航天大学卜立言撰写，第五章～第六章由辽宁石油化工大学卜一丁撰写，沈阳化工大学张娜对内容亦有帮助。在撰写过程中，得到了很多学生、同事、学院领导和前辈们的支持与指导，在此表示感谢。同时也感谢沈阳航空航天大学、辽宁石油化工大学、沈阳化工大学校方的支持才使本书得以顺利完成。

　　本书在撰写过程中难免有疏漏和不足，希望大家指正，对此作者深表谢意！

第一章　产品快速表现概述

一、 为什么要学习产品快速表现

  在进行一件产品的设计之前，设计师首先会进行相关产品的设计调研，在市场的同类产品中发现和寻找其设计的不足之处。经过分析，开始进行设计。在设计的过程中，要经过从初期方案、中期方案到最终方案的审定。之后经过样机的制造、测试，直至产品的批量生产这一系列的过程才能完成一件产品的生产。在这个过程中的产品设计阶段，要求设计师要有创造力的头脑，这样才能产生别有新意的创意；还要有优秀的表达能力，这样才能将设计师的创意很好地表达出来，形象而直观地让人们了解设计师的设计意图。这样的创意表达就是我们所要学习的产品快速表现，因此，产品快速表现在整个设计过程中的位置尤为重要。

二、 基本概念

  设计快速表现的定义：

1. 设计快速表现

  是指通过图像或图形的方式来表现设计师思维和设计理念的视觉传达手段。是对设计师抽象思维的形象化表达。设计快速表现图是一种能够使我们准确了解设计方案、分析设计方案并科学判断设计方案的依据。被广泛地应用于建筑设计、环境艺术设计、产品设计、展示设计和服装设计中，成为设计程序中必不可少的环节。设计快速表现图表达的对象是设计师抽象的思维，表达的方式是将设计师抽象的思维形象化、图形化（如图1-1～图1-4）。

  设计是把一种计划、规划、设想通过视觉的形式传达出来的活动过程，而设计快速表现是设计方案的其中一部分。然而，当人们谈论设计的时候，总是不知不觉地把重点放到设计快速表现图中，这是由于设计快速表现图具有很强的直观性和普遍性。

图1-1　建筑设计

图 1-2 环境设计

图 1-3 服装设计

图1-4　产品设计

2. 产品快速表现

　　是设计师向他人阐述设计对象的具体形态、结构、材料、色彩等要素及与对方进行更深入的交流和沟通的重要方式；同时，也是设计师记录自己的构思过程、发展创意方案的主要手段。产品快速表现图能够形象生动地表现设计师对产品的设计构想，使人们能清晰、明了地理解设计师的创意、构思和想法。是设计人员必备的专业技能之一（如图1-5）。

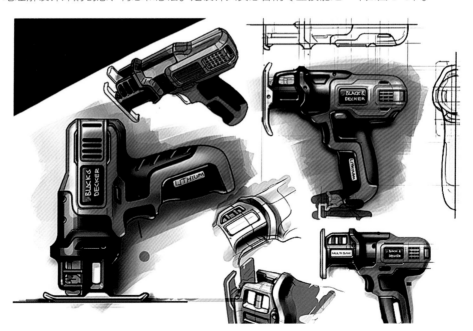

图1-5　电动工具设计

产品快速表现图具有交流和沟通、记录的作用。

设计是一个团队协作的过程，设计师在产品生产前提交草图方案，需要向设计委托方以及企业决策人、工程技术人员、营销人员乃至消费者调查产品方案的不足和需要改进之处。

在这个过程中，产品快速表现图就起到了一个交流和沟通的作用。

设计师将瞬间迸发的灵感用笔简单地记录下来。在这个过程中，产品快速表现图起到了一个记录的作用（如图1-6）。

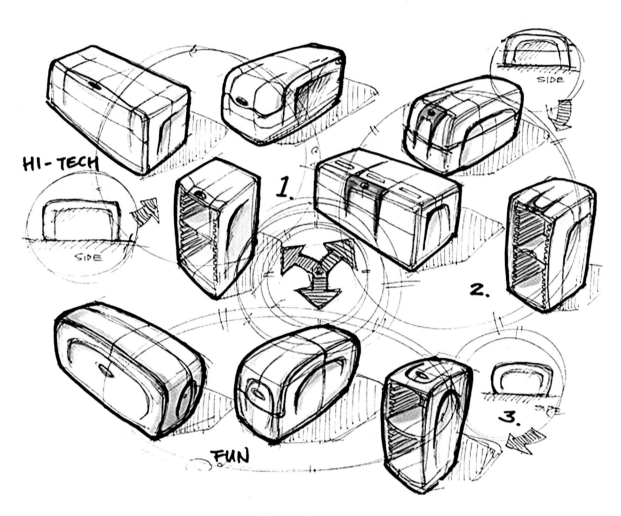

图1-6　产品设计草图

产品快速表现图的重要性在于它是设计师的灵魂；是表达创意的最直接、最有效的方式；是设计师与人沟通的工具，能够帮助设计师记录稍纵即逝的灵感。

三、产品快速表现的分类

按照功能及形式的不同，产品快速表现图可分为手绘快速表现图和电脑效果图及精细效果图。

电脑效果图分为平面软件绘制效果图、三维建模渲染效果图。

下面我们首先介绍一下手绘快速表现图中的草图。

1. 草图：

是设计师的基本工作形式，是设计师做设计的过程中不可或缺的一部分。设计师面对抽象的概念和构想时，必须经过由抽象概念转化为具象图形的过程，即把脑中所想到的形象、色彩、质感和感觉化为具有真实感的事物。草图是完成这个过程的最快捷、最直观的手段，也是最表象、最容易与人沟通的方式之一。

由于草图的作用不同可分为概念草图、细节草图、展示草图、技术草图。

（1）概念草图：是设计初始阶段的产品雏形，以线描为主，迅速记录设计师对于形态的思维发展过程、大概意念（如图1-7、图1-8）。

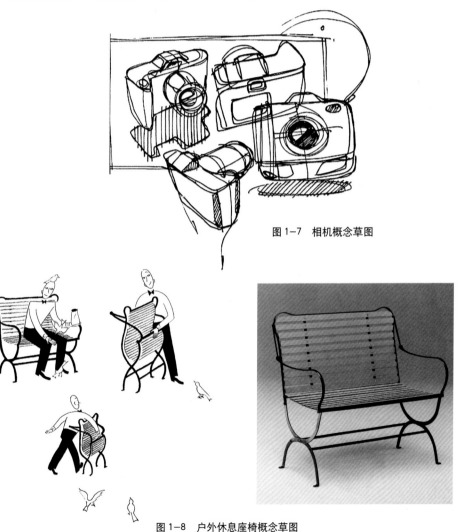

图1-7　相机概念草图

图1-8　户外休息座椅概念草图

（2）细节草图：以说明产品的结构与细部为宗旨，可以加入一些说明性的语言。细节草图具有很好的解释说明的作用，再简单的图形也要比单纯的语言文字具备更为直观的说明性。在运用细节草图表现产品时要求细节表现清晰、明了，大关系明确。

在细节草图中，有一种表现形式是爆炸图，以爆炸图的形式具体分析产品的细部结构，在画面上检讨设计的可行性，具有很好的详细分析作用（如图1-9、图1-10）。

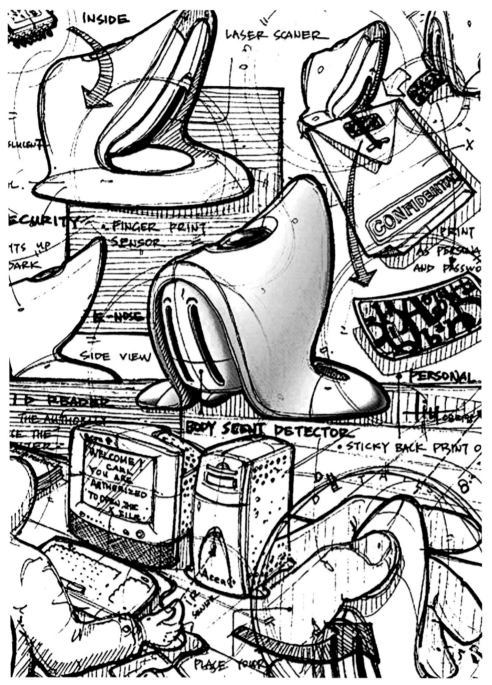

图1-9　鼠标细节草图

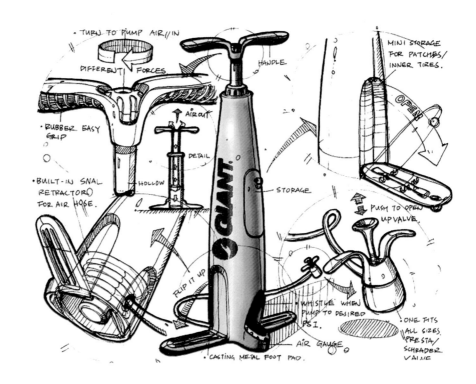

图 1-10　打气筒细节草图

（3）展示草图：在方案评审和比较时使用。能够清晰表达结构、材质、色彩，必要时为加强主题还会顾及使用环境、使用者（如图1-11）。

图 1-11　订书器展示草图

（4）技术草图：是与工程技术人员沟通交流时使用的。能够清晰表达产品的结构、节点、装配方式等（如图1-12）。

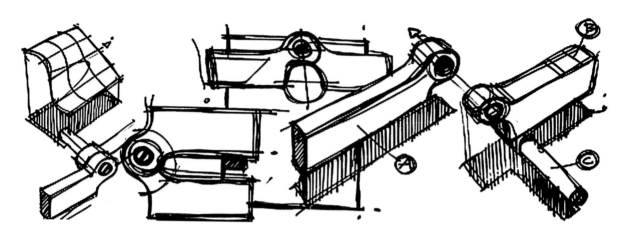

图1-12　零部件技术草图

2. 精细效果图

向客户正式递交设计方案时使用。精细效果图通过形状、材质、纹理、色彩、光影效果等的表现和艺术的刻画达到产品的真实效果。具有很强的美感和艺术魅力。

由于精细效果图绘制时间长、绘制工具不宜控制、出现错误不宜修改、艺术化的表现没有电脑效果图逼真等因素，慢慢地被电脑效果图所取代（如图1-13、图1-14）。

图1-13　吸尘器效果图

图 1-14　汽车效果图

3. 电脑效果图

向客户正式递交设计方案时使用。电脑效果图最重要的意义在于传达正确的信息。正确地让人们了解到新产品的各种特性和在一定环境下产生的效果，便于各类人员的识别和了解。电脑效果图通过对形、色、质逼真的呈现，使设计中的产品视觉化。

电脑效果图区别于手绘效果图最大的优势就是可以随意地修改、调整（如图 1-15 ~ 图 1-17）。

图 1-15　台式电脑

图 1-16　笔记本电脑

图 1-17　手绘板

（1）平面软件绘制效果图：主要是利用手绘板通过 Photoshop、Painter 等软件进行效果图的绘制（如图 1-18）。

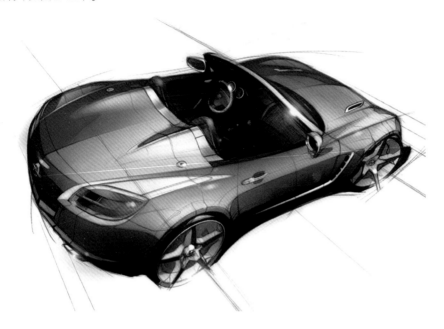

图 1-18　手绘板绘制汽车效果图

（2）三维建模渲染效果图：利用 Rhino、3DMAX、Sketchup、Maya、V-Ray 等软件，不仅能够立体地表现设计方案的形态结构，还可以随心所欲地表达出产品的色彩、质感、材料特点和光源效果，甚至可以进行动画编辑、操作状态的演示（如图 1-19）。

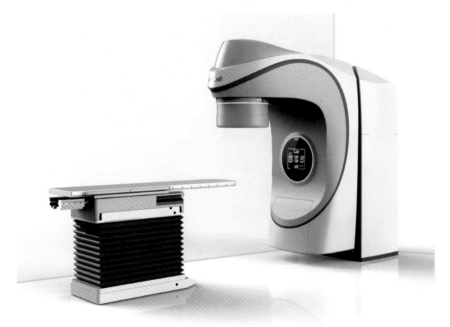

图 1-19　三维建模渲染数字医疗产品效果图

一、笔、颜料

1. 铅笔（炭精笔）

　　线条厚重朴实，利用笔锋的变化，可以做出粗细轻重等多种变化的线条，非常灵活，富有表现力。还可以擦除错误的线条，随意修改（如图 2-1）。

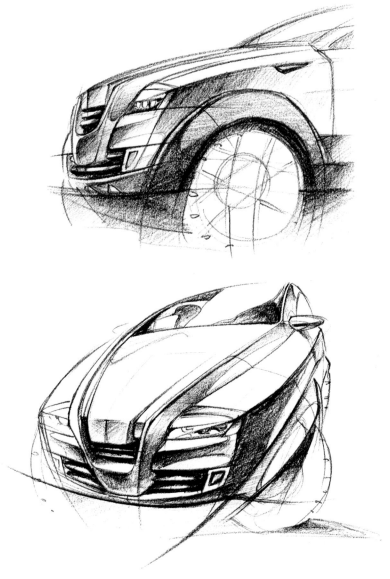

图 2-1　铅笔汽车草图

2. 签字笔

　　笔触干脆利落、效果强烈，但是不能拭擦，无法修改。因此在下笔前要仔细观察表现对象，做到胸有成竹一气呵成。常用于勾勒快速表现图的骨线（如图2-2、图2-3）。

图2-2　签字笔

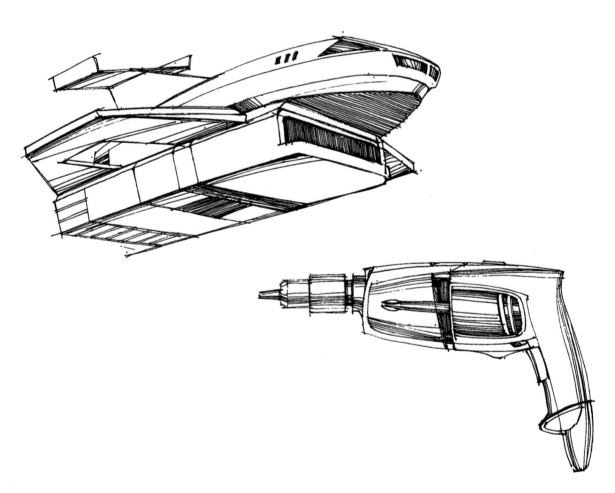

图2-3　签字笔产品草图

3. 马克笔

马克笔是专为绘制快速表现图时着色而研制的，在产品快速表现图中，马克笔的表现力最强、最为方便。因此，学习快速表现技法时，必须掌握好马克笔的使用方法。在当今发达国家的工业设计领域，像宝马、奔驰这样的大公司的产品设计方案评估都是围绕马克笔效果图进行的。

（1）马克笔的特点

马克笔是一种用途广泛的工具，它的优越性在于使用方便、干燥、迅速，可提高作画速度，今天已经成为广大设计师进行产品设计、环境设计、服装设计等必备的工具之一。线条流畅、色泽鲜艳明快且使用方便。按照墨水可分为：水性、油性、酒精性，其中油性马克笔比较常用。按照色彩可分为：彩色系和黑色系。主要品牌：韩国达实牌（Touch）、美国三福牌（Prismacolor）、德国天鹅牌（Schwan）（如图2-4、图2-5）。

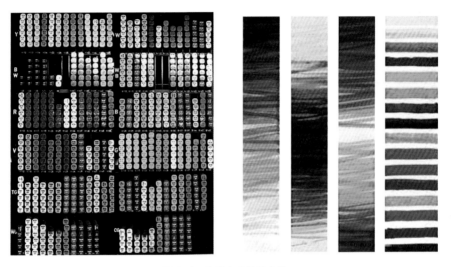

图 2-4　色彩丰富的马克笔

图 2-5　Touch 牌马克笔

油性马克笔四大特点：硬、**洇**、色彩可预知性、可重复叠色。

硬：不仅是马克笔的笔尖硬，它的笔触也是硬而肯定的。

洇：油性马克笔的溶剂为酒精性溶液，极易附着在纸面上。若笔在纸面上停留时间稍长便会**洇**开一片，并且按笔的力度，会加重洇的效果和色彩的明度。

色彩可预知性：通过色卡就可以了解马克笔的色彩，而且无论何时，马克笔的色泽不会变。

可重复叠色：马克笔虽不能像水彩那样调色，但可以在纸面上反复叠色。通过反复叠加来获得较理想的视觉效果（如图 2-6、图 2-7）。

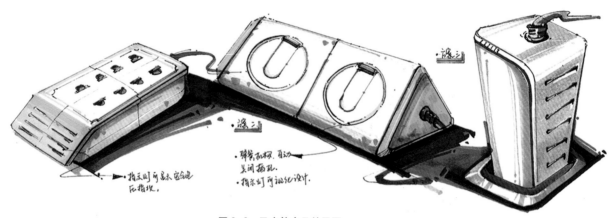

图 2-6 马克笔产品效果图

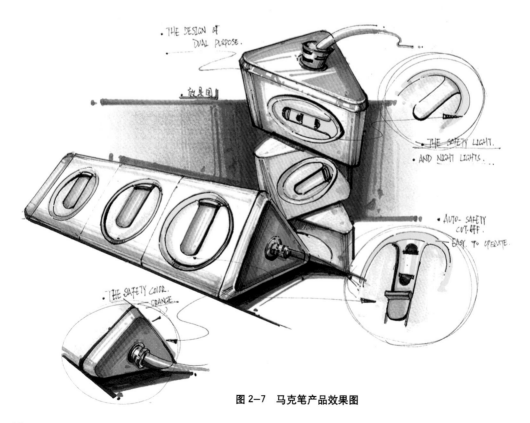

图 2-7 马克笔产品效果图

（2）马克笔的色彩表现

单色表现（如图2-8、图2-9）：

图2-8 单色平涂

图2-9 单色渐层

杂色表现——同色系（如图2-10、图2-11）：

图2-10 同色系重叠

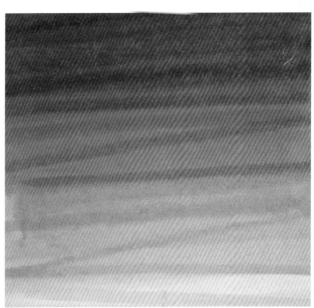

图2-11 同色系渐层

杂色表现——异色系（如图2-12、图2-13）：

图2-12　异色系重叠　　　　　　　　　　　图2-13　异色系渐层

（3）马克笔使用技法

用橡皮时不要用力过猛。如果把纸擦得起毛再上颜色时会比其他不起毛的地方的颜色重。

马克笔上色要由浅入深。

不要把形体画得太满，要敢于留白。

用色不能杂乱，用最少的颜色画出丰富的感觉。

用笔用色要概括，应注意笔触之间的排列和秩序，以体现笔触本身的美感，不可凌乱无序。

画面不可以太灰，明暗、虚实对比要明确。

画面要干净、整洁。

马克笔上色要爽快干净，不要反复地涂抹，一般上色不可超过四层色彩。若层次较多，色彩会变得乌钝，失去马克笔应有的色彩艳丽透明的特性。

选择纸张的时候一般选择吸水性较差、纸质结实、表面光滑的纸张作画。比如马克笔专用纸、双面白卡纸、康颂纸以及复印纸等等。

由于马克笔颜色的穿透性比较强，所以注意在作画纸张下垫张纸为宜。

（4）笔触

主观上促使笔在纸上做有目的的运动所留下的轨迹即笔触。

笔触安排看似容易，画起来却很难。要经过很长时间的磨炼，以及实践经验的积累才能做到游刃有余。

笔触在运用过程中，应该注意其点、线、面的安排。笔触的长、短、宽、窄组合搭配不要单一，应有变化，否则画面会显得呆板（如图2-14）。

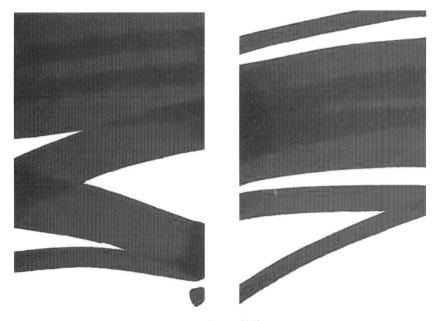

图 2-14　笔触

　　马克笔表现技法的具体运用，最讲究的就是笔触，它的笔触一般分为点笔、线笔、排笔、叠笔、乱笔等。

　　点笔——多用于一组笔触运用后的点睛之笔。

　　线笔——可分为曲直、粗细、长短等变化。

　　排笔——指重复用笔的排列，多用于大面积色彩的平铺。

　　叠笔——指笔触的叠加，体现色彩的层次与变化。

　　乱笔——多用于画面或笔触收尾，形态往往随作者的心情所定，要求作者对画面要有一定的理解和感受（如图 2-15、图 2-16）。

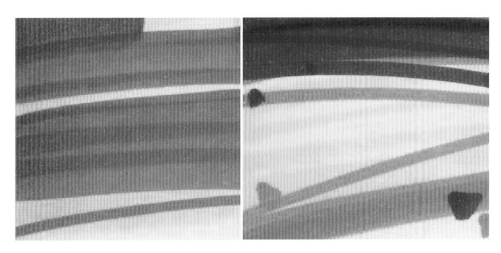

图 2-15　叠笔　　　　　　　　　　　　　　图 2-16　点笔

笔触运用要恰到好处，应遵循在大面积的、有秩序的排笔基础上，运用其他生动的笔触加以点缀，使画面更加丰富。切记画面不要运用过多的点笔、断笔、甩笔等笔触。断笔和甩笔的笔触过多，会使画面显凌乱、琐碎。

　　断笔笔触过多（如图 2-17、图 2-18）：

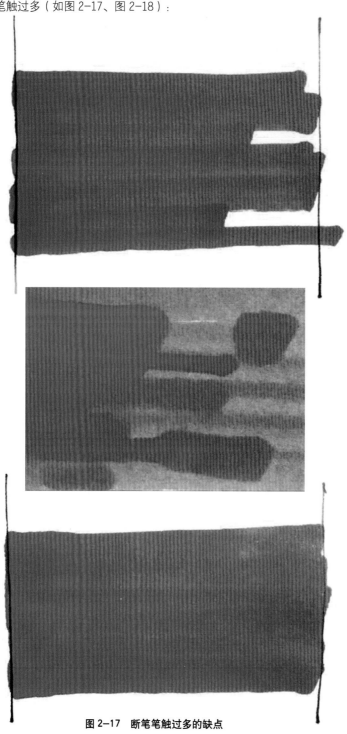

图 2-17　断笔笔触过多的缺点

图 2-18　断笔笔触过多的缺点

用笔的笔触过多（如图 2-19）：

图 2-19　甩笔笔触过多的缺点

充分掌握好马克笔宽头的使用方法，利用笔头的特点可以表现出不同宽窄的线条。在马克笔的使用过程中，初学者往往因为马克笔的宽头不好控制而经常用笔的细头作画，而使画面过于琐碎。我们要学会很好地使用马克笔的宽头，它可以表现出很丰富的多种线条。只有很好地掌握了马克笔的宽头，我们才能表现出整体而又有丰富细节的产品快速表现图（如图 2-20 ~ 图 2-22）。

图 2-20　马克笔的笔尖分宽和细　　　　　　　图 2-21　宽头表现出三种线型

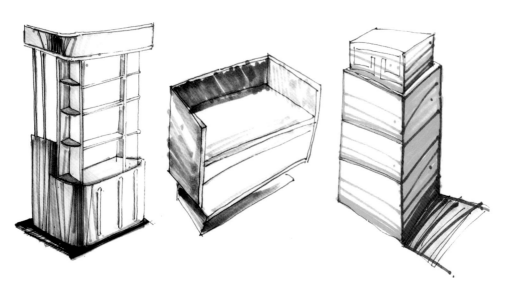

图 2-22　过多用细头表现产品的缺点

正确的方法是用浅色马克笔的宽头把大的颜色平涂一层，然后再逐渐加重颜色，一定要留出原有的中间色。

深色和浅色之间首先用细线条做过渡，然后再利用马克笔重复后颜色加重的特点，用相对浅的颜色在深浅交界处重复几遍，使两色充分融合。注意不要重复涂抹次数过多，容易产生脏的感觉（如图 2-23、图 2-24）。

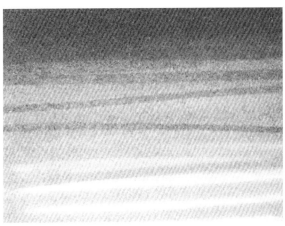

图 2-23　宽头表现出的面的变化

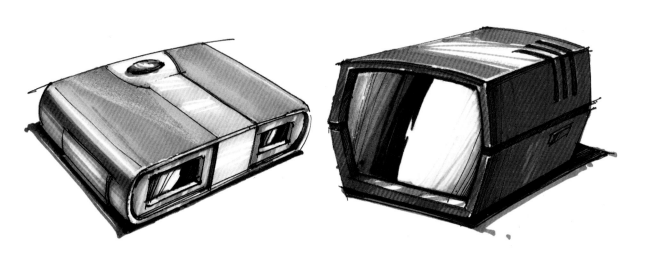

图 2-24　宽头表现出的产品

使用辅助绘图工具如尺子时，须使用有凹槽的尺子。尺子的背面与纸面接触，注意避免颜色晕开。尺子与笔接触的侧面要经常擦拭，以避免尺子把纸弄脏（如图2-25）。

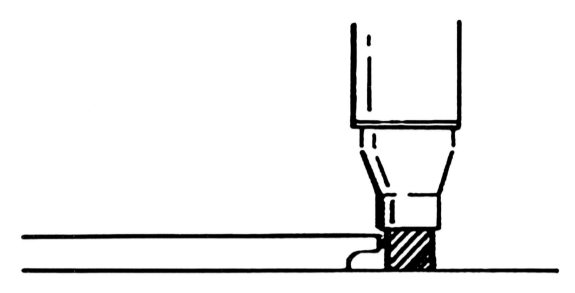

图 2-25　尺子与马克笔的使用方法

马克笔通常用于勾勒轮廓线条和铺排上色，铺排用笔时，笔头紧贴纸面且与纸面成45°角，使笔头完全与纸面接触到（如图2-26）。

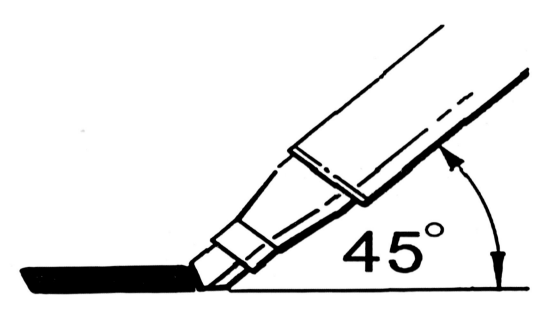

图 2-26　马克笔的使用方法

作画时要根据具体的形体来安排笔触的走向，才能表现形体结构，不要随意而为之（如图 2-27、图 2-28）。

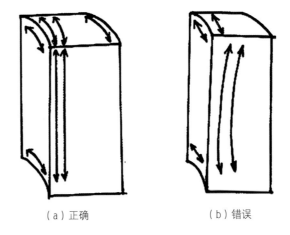

（a）正确　　　　　　　　（b）错误

按照形体结构块面的转折关系和走向运笔

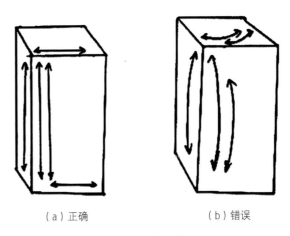

（a）正确　　　　　　　　（b）错误

立方体的运笔

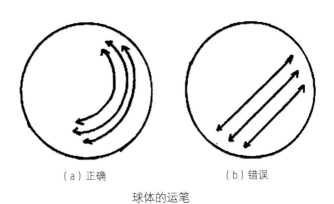

（a）正确　　　　　　　　（b）错误

球体的运笔

图 2-27　马克笔的运笔方法

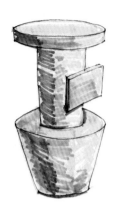

图 2-28　马克笔的运笔方法

（5）马克笔绘画练习

运笔练习：马克笔运笔排列不必太拘谨，要注意用笔的统一性。

转笔练习：画圆或转角时，笔头应随着曲线方向转动或者分段衔接（如图 2-29）。

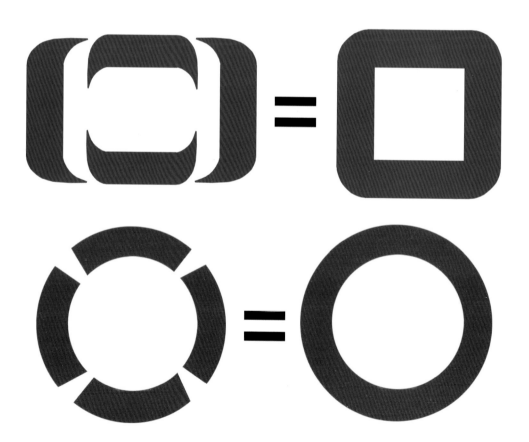

图 2-29　转笔练习

单色练习：用同色系列的马克笔表现产品的明暗关系，无须考虑色彩关系，只要考虑明暗关系，比较容易把握（如图 2-30）。

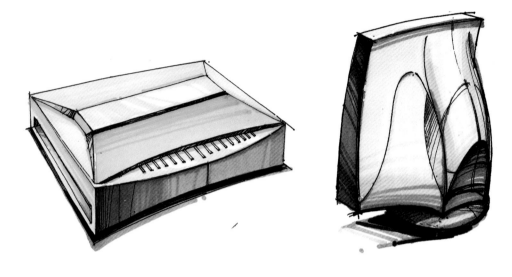

图 2-30 单色练习

多色练习：用多种色彩的马克笔表现产品的明暗关系和色彩（如图 2-31）。

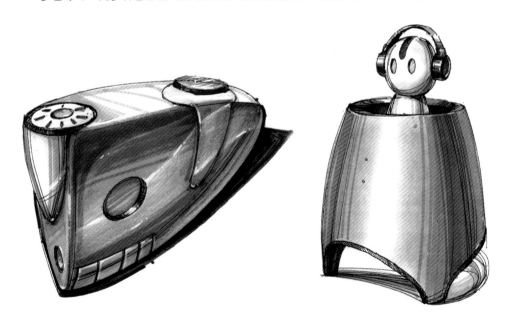

图 2-31 多色练习

（6）高光

强化物体受光的状态，使画面生动，起到画龙点睛的作用。

充分表现材质的质感，强化形体结构关系（如图2-32）。

图2-32 高光

（7）趣味中心

趣味中心是画面的精华之处，是画面的眼，也就是设计师所要表现的重点所在，有了它画面就会生动有趣。一张效果图可以有一个或多个趣味中心，构成了具有视觉传达功能的有趣画面。但一张图万万不可面面俱到，要有一定的取舍，更不能喧宾夺主，要突出重点之处（如图2-33）。

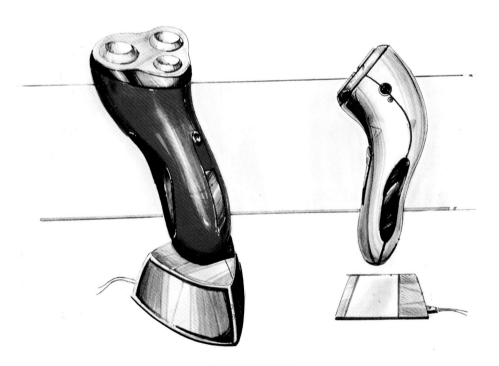

图2-33 趣味中心

（8）马克笔表现技法步骤

草图策划阶段——构思阶段、草稿阶段、色稿阶段。

正稿绘制阶段——线稿阶段、着色阶段。

画面调整阶段——深入刻画、色彩调和、明暗层次处理。

收尾处理阶段——高光处理、投影处理、背景处理。

4. 色粉

效果图着色时使用。色彩柔和、层次丰富，在效果图中通常用来表现较大面积的过渡色块。在表现金属、镜面等高反光材质或者柔和的半透明肌理时最为常用（如图2-34）。

图2-34　色粉

（1）色粉的使用技法

用纸不要用表面过于光滑的纸，着色力差。最好选用康颂纸，颜色一般选择灰色为宜。

用色粉上色时不要急于一次把颜色画重，要一层层地上，才会有层次感，色彩才会通透。

上色时要把脱脂棉、手指当成笔一样，笔触要有方向和秩序，不可凌乱无序。

在画产品的精细部分时，最好不要直接用色粉棒在画面上涂抹，应在另一张纸上把色粉削成细细的粉末后再涂抹。

用色不能杂乱，用最少的颜色画出丰富的感觉。

色粉可以用橡皮擦掉，但用橡皮时用力不要过猛。如果把纸擦起毛再上颜色会比其他不起毛的地方的颜色重。

作画过程中可间隔性地喷涂定画液。

画面不可以太灰，明暗、虚实对比要清晰明确。

画面要干净、整洁。

（2）色粉效果图绘制步骤

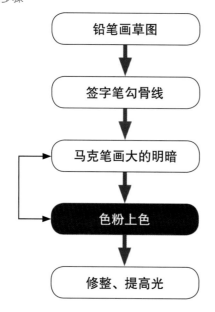

铅笔画草图

↓

签字笔勾骨线

↓

马克笔画大的明暗

↓

色粉上色

↓

修整、提高光

1. 平涂（医用脱脂棉）；
2. 先涂颜色最深的部分；
3. 可用橡皮擦出高光。

5. 彩铅

彩铅就是彩色铅笔，是效果图绘制的常用工具，主要用于加色和勾勒线条。根据笔芯可以分为蜡质（软）和粉质（脆），还有一种水溶性的彩铅，着色后用勾线笔蘸水晕开，可以进行色彩的渐变过渡，模拟水彩效果。根据彩铅的特点，比较精细的细节部分经常采用彩铅来绘制（如图2-35）。

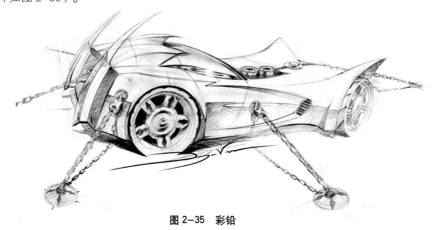

图2-35 彩铅

6. 水彩

水彩泛指用水进行调和的颜料。按特性一般分为透明水彩和不透明水彩两种。

水彩一般称作水彩颜料。透明度高，色彩重叠时，下面的颜色会透过来。色彩鲜艳度不如彩色墨水，但着色较深，适合喜欢古雅色调的人。即使长期保存也不易变色。

水粉又称广告色，是不透明水彩颜料。可用于较厚的着色，大面积上色时也不会出现不均匀的现象。

照相透明水色，现有照相透明水色有两种，一种是纸形的，用水稀释即可作画；另一种是瓶装的，一般为12色，有盒装或散装，使用较方便。

二、纸

1. 马克纸：专为马克笔绘制效果图设计，洁白、光滑，纸质较厚，反复涂抹也不会透。

2. 复印纸：适合绘制各类效果图。

3. 素描纸：适合铅笔、彩铅和水彩、水粉的绘制。

4. 彩色纹理纸：在彩色纹理纸中，康颂纸经常用于产品快速表现图绘制。康颂纸色彩丰富，但灰色较为常用（如图2-36）。

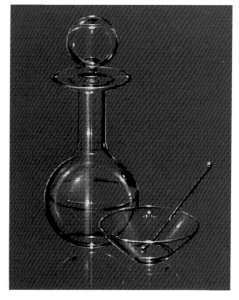

图2-36 彩色纹理纸

三、尺规

1. 直尺和三角尺：辅助绘制直线。

2. 云形尺：辅助绘制各类曲线。

3. 椭圆尺辅助绘制各类椭圆。

四、其他辅助工具

主要有医用脱脂棉、棉签、定画液、橡皮、美工刀、白漆笔、底纹刷等等（如图 2-37）。

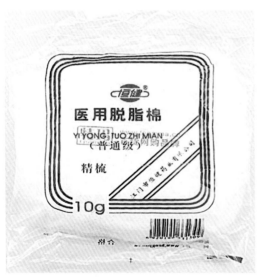

图 2-37　辅助工具

第三章　透视

一、透视的定义

透视一词来自拉丁文"Perspicere"，意为"透而视之"。含义就是通过透明平面（透视学中称为"画面"，是透视图形产生的平面）观察、研究透视图形的发生原理、变化规律和图形画法，最终使三维景物的立体空间形状落实在二维平面上（如图3-1、图3-2）。

图 3-1　铁轨的透视变化　　　　图 3-2　电线杆的透视变化

1. 为什么会有透视效果

对一件东西而言，其实双眼是以不同的角度来观察它的，所以东西会有往后紧缩的感觉。那么必然会交会在无限远处的点，透视的要决在于找出消失点。

2. 为什么要学透视

透视学是绘画艺术所依赖的一门科学技法。透视法则是一种在平面上塑造具有高、宽、深三度空间的立体物和空间环境的绘画法则。是帮助画者应用各种原理和法则来正确地画出各种客观物象的体积、位置和空间关系，以便真实而艺术地表达出画者的视觉感受。

3. 透视术语

（1）透视现象、透视变化

人们所见的景物如近大远小、近高远低、近宽远窄、近浓远淡、近清楚远模糊，这样的现象称之为透视现象。物体在空间中由于和画者有远近距离及方位的不同而呈现的各种透视变形，叫做透视变化（如图3-3～图3-5）。

图 3-3　近高远低

图 3-4　近宽远窄

图 3-5　近实远虚

（2）透视基本要素

基面：指景物所在的平面，通常将设计平面称为基面。

画面：在物体和观者之间的假想透明平面，是画者和描绘对象之间竖立的一块假想的透明平面，与画者的脸平行（绘图画纸）。

视点：观看者站立不动时眼睛所在的位置（一张透视图只有一个视点）。

视线：从视点射出的许多与物体相连的线。

视平线：与视点等高的一条水平线。

心点：是视点在画面上的正投影，它必定落在视平线上。

视中线：是视点与心点的连线，它与画面垂直。

视域：固定视点所见的范围，又称视圈或视野；通常把视域看成一个圆形；视角为60°的视域称正常视域（如图3-6）。

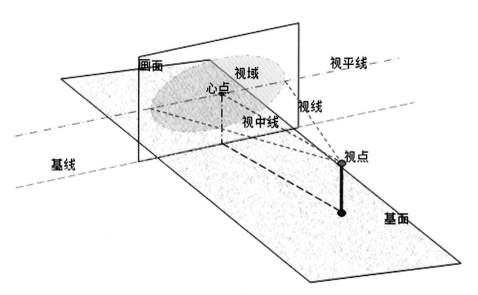

图 3-6　透视基本要素

（3）原线、变线、灭点

原线：与画面平行的线，不产生透视变化，只有近长远短、近粗远细的变化。

水平线：平行于画面，平行于地面。

垂直线：平行于画面，垂直于地面。

斜线：平行于画面，斜角于地面。

变线：与画面成一定角度的线，产生透视变化。实际相互平行的线，由于透视变化而近宽远窄最终消失于一点。

直角线：平行于地面并与画面成直角。

成角线：平行于地面并与画面成斜角。

近低远高的线：与画面、地面都不平行，近低远高。

近高远低的线：与画面、地面都不平行，近高远低。

灭点：物体由于近大远小的透视变化，渐渐缩小为一点，这一点就称为灭点（或消失点）。灭点包括心点（主点）、余点、天点、地点。

心点：即主点，是与画面垂直的线的灭点。

余点：视平线上除心点以外的点都称余点。在心点左边的点叫左余点，在心点右边的点叫右余点。与视中线（中视线）成45°角的线的灭点叫距点，也有左右距点之分。

天点：在视平线以上，是近低远高变线的灭点。

地点：在视平线以下，是近高远低变线的灭点（如图3-7）。

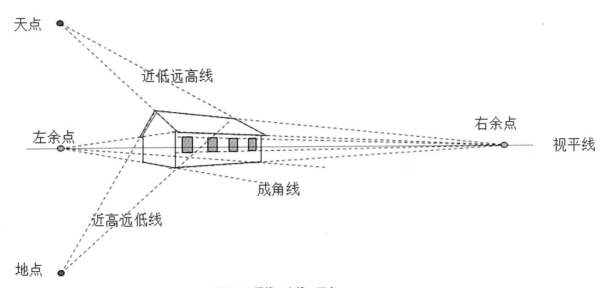

图3-7 原线、变线、灭点

二、一点透视（平行透视）

当物体的正立面和画面平行时，为一点透视。一点透视最多只能看到产品的三个面，由于正立面为比例绘图，没有透视变形，因此适合表现一些功能均设置在正立面的产品，如电视机、手表、仪表、操作界面等。

用一点透视法可以很好地表现出远近感。常用来表现笔直的街道，或用来表现原野、大海等空旷的场景。

1. 方形物体的平行透视

（1）概念

方形物体中，有一对竖立方块面与画面平行，另二对与画面垂直，这样的方形物体透视称为平行透视。

（2）特点

三组边线中，二组与画面平行，一组与画面垂直并向主点消失（如图3-8）。

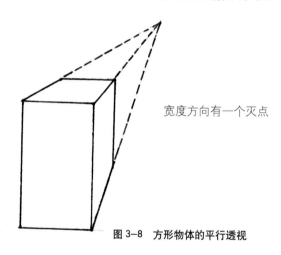

宽度方向有一个灭点

图3-8　方形物体的平行透视

2. 正方体平行透视画法

根据自己所处的位置确定视平线、视点P和主点O，再确定左右距点E、F；在正常视域内画一个正方形ABCD，分别连接AO、BO、CO、DO，连接BE与AO相交于a、AF与BO相交于b、DE与CO相交于c、CF与DO相交于d；连接ab、bd、cd、ac；连接Aa、Bb、Cc、Dd，求得正方体的透视图（如图3-9、图3-10）。

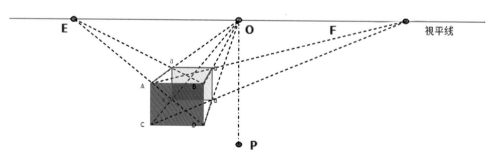

图3-9　正方体平行透视画法

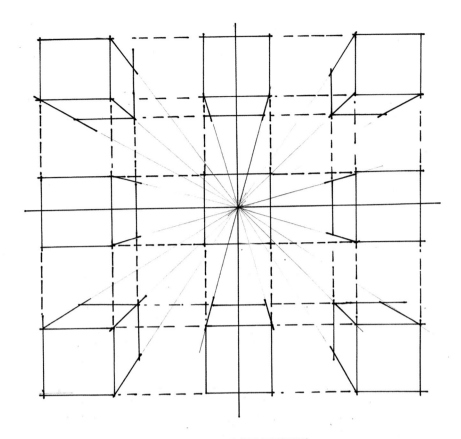

图 3-10　正方体平行透视画法

3. 圆柱形物体的平行透视（如图 3-11、图 3-12）

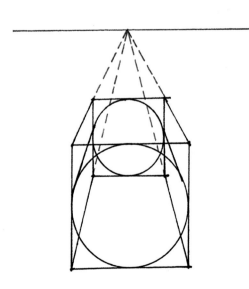

图 3-11　圆柱形物体的平行透视

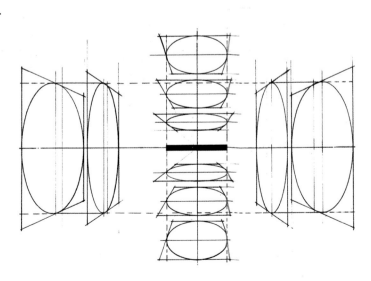

图 3-12　圆柱形物体的平行透视

4. 平行透视（一点透视）的规律

（1）在视中线和视平线上的立方体能看到两个面，离开视中线和视平线的立方体能看到三个面。处在心点上的立方体只能看到一个面。

（2）平行透视中，物体的正立面没有透视变化，按比例绘制。

（3）物体离视平线越远，画面所看到的物体顶面或底面越大，反之越小。

（4）立方体的侧面，离视中线愈近愈窄，愈远愈宽。它的侧面和顶、底两个面，处在视中线和视平线时，成一直线。

（5）物体和画面垂直的线消失于心点。

（6）视平线以下的立方体，近低远高，看不见底面；视平线以上的立方体，近高远低，看不见顶面。

（7）立方体和圆柱体都是近大远小，消失心点（如图3-13）。

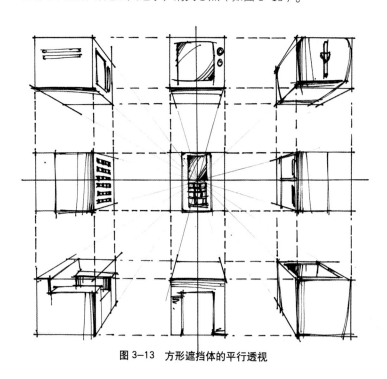

图3-13　方形遮挡体的平行透视

三、两点透视（成角透视）

当物体的一个面和画面成角时，其物体在画面的透视为成角透视，又称两点透视。其透视线消失于视平线心点的两侧的距点。

1. 两点透视的规律

物体与画面成45°时，其成角消失线消失于距点，其他角消失于余点。物体的垂直线与画面最近的线段透视高度不变，成角透视的透视深度用测点求出，俯角的二点透视视平线在产品的上方，一般产品透视图多采用向下的透视角度。

2. 方形物体的两点透视

（1）概念

方形物体中，有二对竖立方块面不与画面平行，各自与画面成一定角度，这样的方形物体透视称为成角透视（余角透视）。方形物体中原来与地面平行的面仍与地面平行。

（2）特点

三组边线中，一组与地面垂直，一组向左余点消失，一组向右余点消失（如图3-14）。

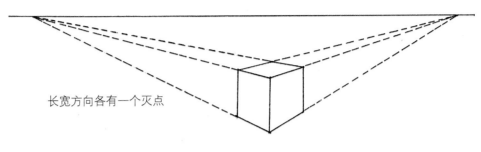

长宽方向各有一个灭点

图 3-14　方形物体的两点透视

3. 方形物体的两点透视画法（如图3-15）

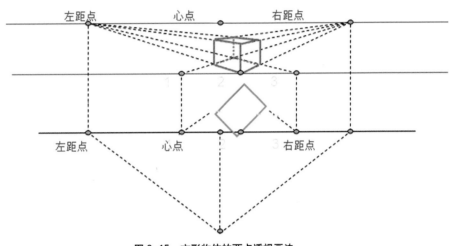

图 3-15　方形物体的两点透视画法

4. 圆柱形物体的两点透视（如图3-16）

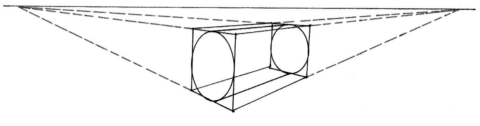

图 3-16　圆柱形物体的两点透视

四、三点透视

    画面与物体的长、宽、高三组方向都成角度,此时,长、宽、高方向共有三个灭点。三点透视在产品快速表现图中很少使用,适合表现大型设备及高大的建筑(如图 3-17 ~ 图 3-19)。

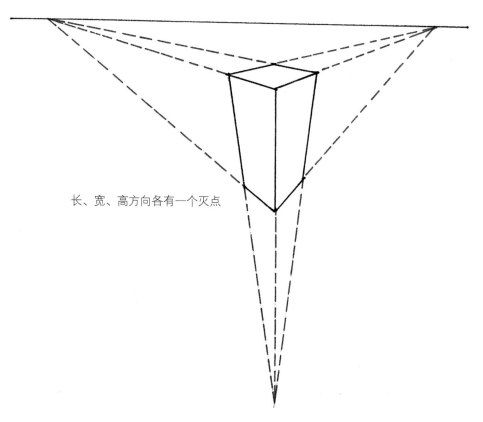

长、宽、高方向各有一个灭点

图 3-17　方形物体的三点透视

图 3-18　建筑物的三点透视现象

图 3-19　建筑物的三点透视现象

第四章　线条、明暗

一、线条表现

　　线的练习是快速表现的基础，线也是造型艺术中最重要的元素之一，看似简单，其实千变万化。快速表现主要强调线的美感。线条变化包括线的快慢、虚实、轻重、曲直等关系。线条要画出美感，要有气势、有生命力，要做到这几点并非容易，要进行大量的练习。先要学会画线，然后再画几何形体。初学者开始练习时画得非常小心，怕线画不直。快速表现要求的"直"是感觉和视觉上的"直"，甚至可以在曲中求"直"，最终达到视觉上的平衡就可以了。线有各种各样的形式：刚劲、挺拔的直线，柔中带刚的曲线，纤细、绵软的颤线等等。线的掌握与运用不仅仅是设计快速表现图的重要环节，它更是中国传统绘图中的精华部分之一。

　　线条的练习：用不同的笔可以画出不同需要的线条（如图4-1）。

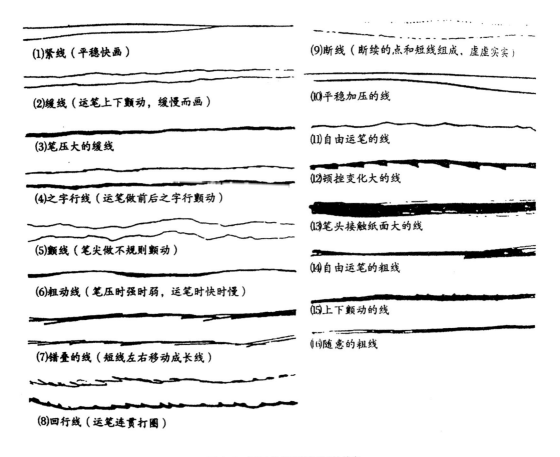

(1)紧线（平稳快画）

(2)缓线（运笔上下颤动，缓慢而画）

(3)笔压大的缓线

(4)之字行线（运笔做前后之字行颤动）

(5)颤线（笔尖做不规则颤动）

(6)粗动线（笔压时强时弱，运笔时快时慢）

(7)错叠的线（短线左右移动成长线）

(8)回行线（运笔连贯打圈）

(9)断线（断续的点和短线组成，虚虚实实）

(10)平稳加压的线

(11)自由运笔的线

(12)顿挫变化大的线

(13)笔头接触纸面大的线

(14)自由运笔的粗线

(15)上下颤动的线

(16)随意的粗线

图4-1　不同的笔画出不同的线条

1. "线"的性格特征

线是造型的基础，也是重要的造型元素。线条的刚柔可表达物体的软硬；线条的疏密可表达物体的层次；线条的曲直可表达物体的动静；线条的虚实可表达物体的远近。

（1）刚劲、挺拔的直线

直线的表现有两种可能，一种是徒手绘制，另一种是利用尺子绘制。"力"的把握恰恰是快速表现的魅力之一，自信的心态，丰富的经验，未动笔之前的整体考虑是十分重要的。

（2）柔中带刚的曲线

快速表现中曲线的运用是整个表现过程中十分活跃的因素。在运用曲线时，一定要强调曲线的弹性、张力。画"曲线"时用笔一定要果断、有力，要一气呵成，不能把线描很多遍，即用笔要连贯，不要犹豫、无力。

2. 线的训练和组合

作为手绘表现，线是灵魂和生命，要经常不断地多画一些不同的线，并用它来组合一些不同的线形体。也可以说线是手绘表现图的精神之所在，设想一下如果去掉了线，而只用面来表现是很困难的。线有着丰富的表现力，它可以有粗细、曲直、疏密等变化，正是这些变化体现着快速表现图的神韵。很多学生都对徒手画线有畏惧的心理，觉得是十分困难的，其实这些顾虑是没必要的，重要的在于掌握正确的徒手画线训练，当然练习中最重要的是耐力和信心。

（1）通常认为徒手画线主要在手上功夫，其实不然，运用方向、尺度主要在于掌握正确的观察方法

平行观察方法——依据垂直、水平的参照物。

对应观察方法——有意识、有条理地主动制定逻辑规则。

平衡观察方法——对线进行逐量的视觉分配，以求平均。

尺度观察方法——手绘表现画线区别于纯绘画，要有尺度概念。

（2）正确的握笔姿势

正确的握笔姿势是练好线条的保障。线条的流畅、准确、轻重、急缓等都是建立在正确的握笔姿势之上的。线条要画得潇洒，姿态也要优美。

（3）横线和竖线的练习

利用废旧的报纸来练习线条，既经济又环保。可以先画短些，熟练后再画长些，也就是利用报纸的分栏文字间隙，从一栏画到多栏。横线、竖线交替练习。起笔和停笔要干净利落，笔停住后再离开纸面，绝对不可以让线条失控产生"鼠尾"的效果。徒手绘制直线可以分为"快画法"和"慢画法"两种画法。常见的错误画法：涂改的习惯及不确定的习惯（补笔、甩笔）（如图4-2、图4-3）。

上沈阳大学周边的社区居民都可以共享这样的体育资源。到体育馆锻炼的普通市民，学校会收取一定的费用，但价格是可以让大众接受的。刘克斌特意强调说，适当地收费并不是为了赚钱，这些费用完全用在场馆的维护上，这样既可以保证体育馆的利用率，还可以让场馆持续发展。为此学校还专门成立了场馆中心，室外体育场、室内体育馆都由一个中心来负责运营，目的就是为了让场馆发挥最大的功效。

刘克斌告诉记者，辽宁全运会的宗旨是节俭办全运，为了贯彻此方针，沈阳大学实行了节俭、精彩、文明、开创新风的办赛风格。体育场馆各项赛事运行顺畅，但其实里面的很多东西都是旧物再利用。刘克斌说，如果买一个裁判台需要150多元，把学生用的课桌再包装一下，20元钱就够了。比赛中使用的60台电脑、10台电视、7台复印机以及打印机等都是从各学院借的，与此同时，为运动员、观众服务的引导标识系统，才花了不到10万元钱。

刘克斌介绍，沈阳大学体育馆在全运会期间作为柔道比赛的专用场馆，总建筑面积1.89万平方米，共设5000个观众座位，其中1460个为移动座位。

"沈阳大学体育馆在赛后场馆利用问题上下了很大的功夫。"刘克斌说。学校专门制定了"服务学校、服务社会、适度开放、以馆养馆"的16字方针政策，来解决这个世界性难题。场馆建在高校，可以在体育运动、体育教学、科研事业单位组织的各种比赛进行。各企业单位组织的各种比赛，如篮球、排球、乒乓球、羽毛球，包括室内5人制足球、电竞会...

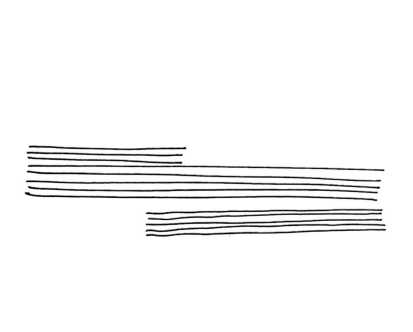

图4-2　横线和竖线的练习

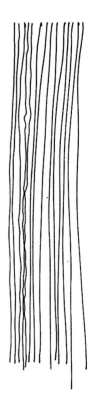

图4-3　横线和竖线的练习

（4）训练要领

　　长线的练习要注意控制方向。其水平线与竖线（垂直方向）均要以纸张的边线为衡量标准。为了准确把握线条方向质量，练习中可先用笔确定起、止两点，这就是我们常说的两点取一线。然后连线的方法是：笔在起点上，眼睛盯住停止的点迅速连线，眼睛千万不要跟着笔尖移动。

　　排线主要是在形体块面中制造明暗层次，通过排线的多样变化以表现物体的立体感。因此，要研究排线的韵律和节奏：诸如疏密、粗细、交叉、重叠和方向等变化所产生的画面美感。由于工具材料的限制，签字笔不能像铅笔、炭笔那样自由地层层添加、反复修改来再现物体细微的明暗变化。要把眼中画面丰富的明暗转为签字笔排线来表现，惟有进行艺术处理，概括出明暗的层次，从而充分体现清晰、分明、简洁、概括的画面特点（如图4-4）。

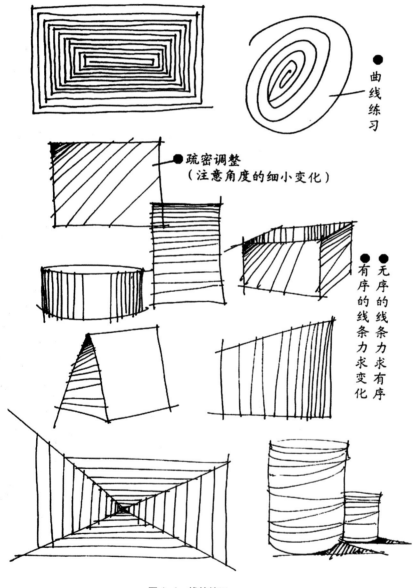

图4-4　线的练习

倾斜线的练习最重要的是注意控制方向。

在纸的中央先确定一个心点，心点左侧和上部的线直接连到心点的位置；心点右侧和下部的线先确定停止点，然后连线。画线顺序和写字一样，自左而右，自上而下。徒手画线，是允许有误差存在的（如图4-5）。

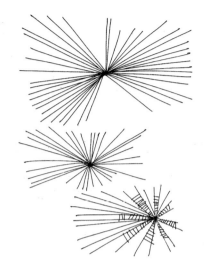

图4-5　倾斜线的练习

（5）训练方法

①方体训练

方体是最基本的几何形体，也是大部分产品的基本形体，所以把方体画好尤为重要。无论正方体和长方体都可以训练我们画出三个方向的线条，所以画方体是最有效的画好线条的方法之一（如图4-6）。

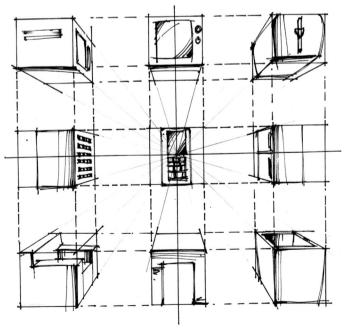

图4-6　方体训练

②圆形训练

通过正圆、椭圆来达到训练的目的。因为部分产品的外形和很多产品上的按键及旋钮都是正圆或椭圆形。在练习时注意画好大小、宽窄、角度不同的正圆和椭圆（如图4-7）。

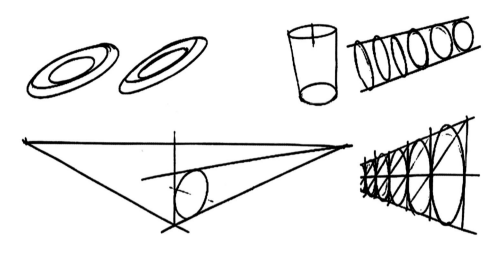

图 4-7　圆形训练

③优秀作品临摹训练

临摹是学习的一个重要过程，刚开始学习时可能会使我们无从下手，所以有必要对优秀作品进行临摹。时常临摹他人的优秀作品，可以从中学习各种表现技法，提高鉴赏能力，领会处理画面要点的方法，从中得到很好的启发。临摹时一定要选择优秀的作品，仔细研究并总结其用笔的规律，再结合自己的理解进行临摹（如图4-8）。

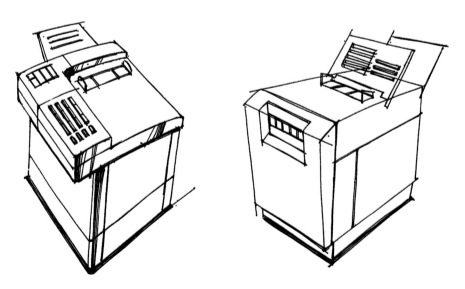

图 4-8　临摹训练

④产品照片临摹训练

我们在临摹优秀作品时，由于很多的线条都是被总结和归纳好的，所以在临摹时的思考相对较少。而在临摹产品图片时，我们要自己归纳出线的虚实、轻重、粗细等变化，需要思考和总结的东西更多，并且可以帮助我们收集和记忆素材。所以这种方法对于快速提高快速表现的水平极为有效（如图4-9）。

图4-9　产品照片临摹训练

⑤写生训练

通过写生，不但可以收集素材，训练线条表现的技法，而且也能锻炼对画面整体效果的把握和处理的能力。在写生中积累的大量经验，会非常有助于创作，使自己在创作时能够胸有成竹，落笔肯定自如。写生时以主观的意识把产品客观地反映在画面上。

（6）训练中存在的问题（如图4-10～图4-12）

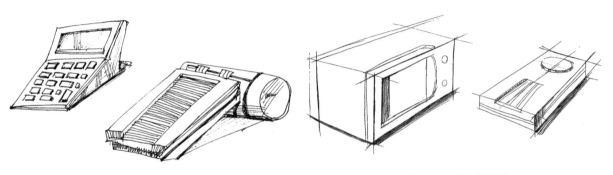

图4-10　透视的问题　　　　　　　　　　　　　　　　　　图4-11　线条的问题

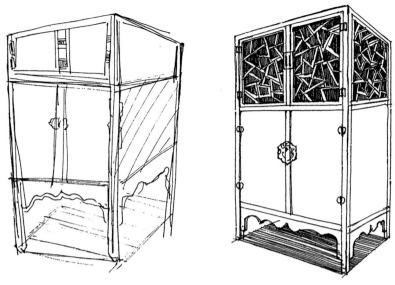

图 4-12　透视、线条的问题

二、明暗表现

是物体在光源照射下受光部分与背光部分对立统一的有机联系，将物体在光的作用下所产生的明暗对比关系，称为明暗关系。明暗是构成完整的视觉表现的重要基础，它与线条一样，具有同等重要的表现力。在快速表现中，最基本而又极其常用的方法就是用明暗来表现物象立体感的方法。物象由于受光照作用而产生出丰富的明暗层次变化。快速表现正是有赖于对这种明暗调子的深刻描绘，而使物象的立体造型得以"真实"展现。

1. 明暗中的三大面、五大调

（1）三大面：受光面和背光面两大部分，再加上中间层次的灰色，也就是经常说的"三大面"（如图 4-13、图 4-14）。

图 4-13　三大面

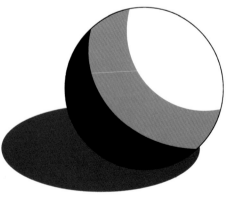

图 4-14　三大面

（2）五大调：由于物体结构的各种起伏变化，明暗层次的变化错综复杂，这种变化具有一定的规律性，将其归纳，可称为"五大调"。

即指：亮色调（包括高光）、灰色调、明暗交界线、反光、阴影（如图4-15、图4-16）。

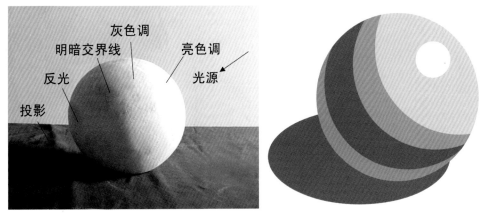

图 4-15　五大调　　　　　　　　　　　　　　图 4-16　五大调

①亮色调（包括高光）：是物体受光线90°直射的地方，这部分受光最大，调子淡，亮部的受光焦点叫"高光"，一般只有出现在光滑的物体上。一般留出不画。

②灰色调：是物体受光侧射的部分，是明暗交界线的过渡地带，色阶接近，层次丰富。

③明暗交界线：由于它受到环境光的影响，但又受不到主要光源的照射，因此对比强烈，给人的感觉调子最深。明暗交界线并不是真的一条"线"，也不止一条。

④反光：暗部由于受周围物体的反射作用，会产生反光。反光作为暗部的一部分，一般要比亮部最深的中间颜色要深。一般明度不超过亮部。

⑤投影：就是物体本身影子的部分。它作为一个大的色块出现，也算五调子之一。投影的边沿近处清楚，渐远的模糊。投影是有形状的，投影的明度一般跟物体明度拉开。

2. 快速表现中的明暗：

（1）基本形体（如图4-17）

图 4-17　基本形体

（2）明暗层次

快速表现的画面一般是通过四个明暗层次体现出来的，即：白色、亮灰色、暗灰色、黑色。但实际上明暗变化并不仅仅是这样简单清晰地划分出来的，而是互相渗透混合体现出来的（如图4-18）。

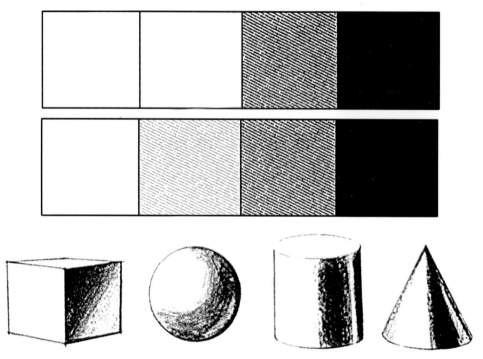

图4-18　四个明暗层次

（3）反光的表现（如图4-19）

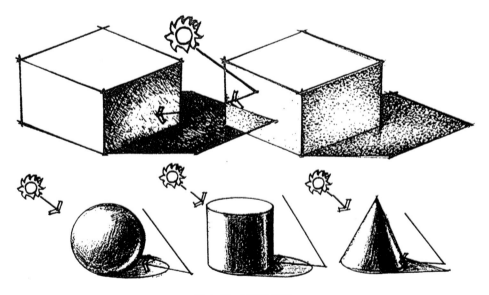

图4-19　反光的表现

3. 快速表现中的明暗

①由于快速表现当中光的来源是由设计者自己假定的，所以要根据画面的构图以及产品的形状特点、投影的位置来考虑光源。

②考虑明暗面时，要注意不要把产品的主要功能界面设为暗面，那样会由于色调过暗而使功能界面表现不清楚。

③无论画什么产品，黑白灰三个面一定要表达清晰、明了。注意在产品的表现时亮面留白。

④暗面的表现时要注意抓住明暗交界线，使之得以清晰地表现。同时要注意反光的表现，注重虚实的变化。

⑤离物体最近的地方投影最重，向外逐渐减弱。

4. 产品线稿图例（如图 4-20 ~ 图 4-30）

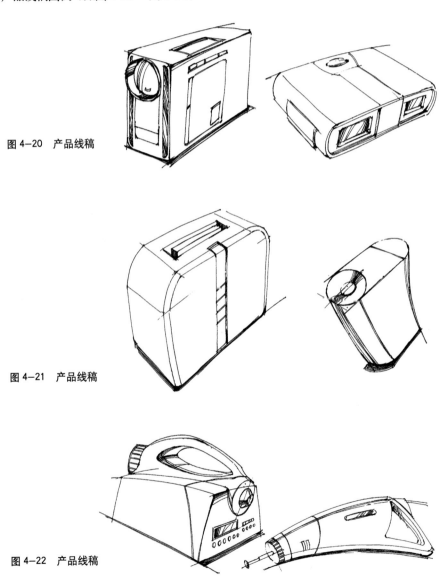

图 4-20　产品线稿

图 4-21　产品线稿

图 4-22　产品线稿

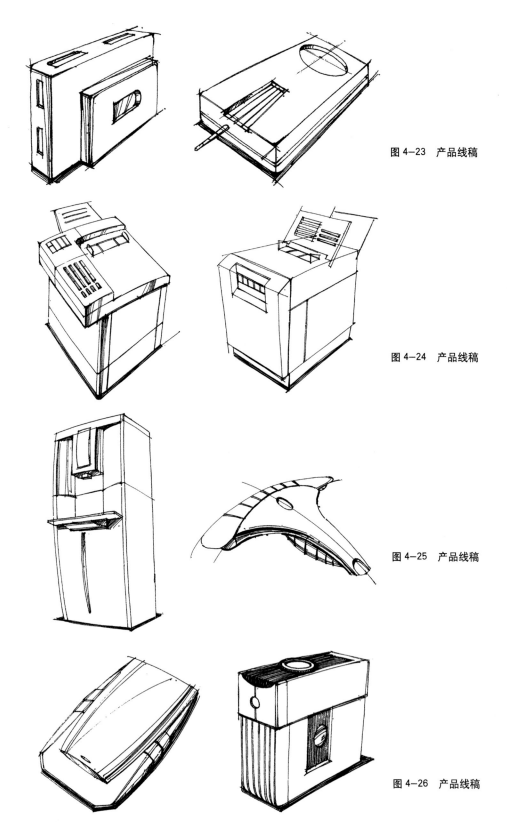

图 4-23　产品线稿

图 4-24　产品线稿

图 4-25　产品线稿

图 4-26　产品线稿

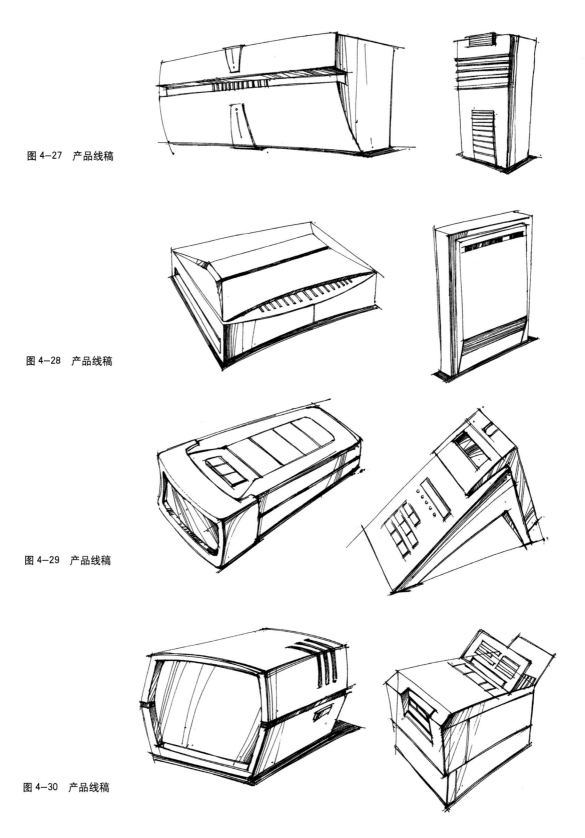

图 4-27 产品线稿

图 4-28 产品线稿

图 4-29 产品线稿

图 4-30 产品线稿

第五章 色彩与材质

一、色彩表现

1. 产品快速表现中的色彩

产品设计中的色彩不是孤立的,而是有其独特性的(如图5-1~图5-3)。

图5-1 不同色彩的产品

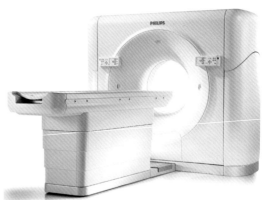

图5-2 汽车的色彩

图5-3 医疗器械的色彩

产品快速表现图中色彩的运用，对于画面的气氛以及作品的成败起着重要作用（如图5-4、图5-5）。

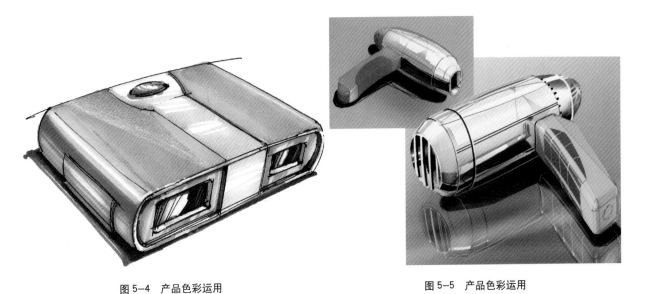

图5-4 产品色彩运用   图5-5 产品色彩运用

2. 色彩三要素

通常称黑白或由黑白调和成的灰色为无彩色，无彩色只有明度变化。赤、橙、黄、绿、青、蓝、紫为有彩色，有彩色具有明度、纯度、色相三个特性。

（1）明度（如图5-6、图5-7）

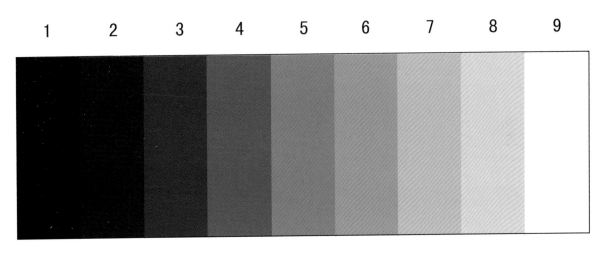

图5-6 无彩色明度变化

图 5-7　有彩色明度变化

明度的联想

高明度基调使人联想到晴空、清晨、溪流、朝霞、昙花等。这种明亮的色调，给人以轻快、柔软、明朗、娇媚、高雅、纯洁的感觉。

中明度基调给人以朴素、稳静、老成、庄重、刻苦、平凡的感觉。由于眼睛最适合看中明度的色调，因此中明度基调是最适合视觉生理平衡的明度色调。

低明度基调给人的感觉沉重、浑厚、强硬、刚毅、神秘，可以构成黑暗、阴险、哀伤等色调。

（2）纯度

纯度是指色彩的纯净程度，也可以说指色相感觉明确及鲜灰的程度，因此还有艳度、彩度、饱和度等说法。任何一个色彩混黑、白、灰、补色都会降低它的纯度。任一纯色与同明度的灰色混合，可以得到该色的纯度系列。相差八个色阶以上为纯度的强对比。五个至八个色阶为纯度的中等对比。四个以内为纯度的弱对比（如图5-8）。

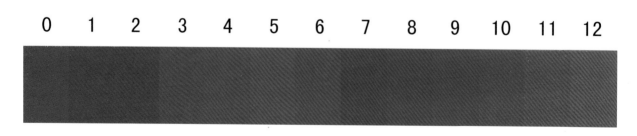

图 5-8　红色与灰色的纯度变化

①鲜调、中调、灰调

鲜调

以高纯度色占画面面积的70%以上可以构成高纯度基调即鲜调。鲜调给人以积极、强烈而冲动及有膨胀、外向的感觉。为表现愉快、热闹、生气、聪明、活泼所必需。运用不当也会产生残暴、恐怖、疯狂、低俗、刺激等效果。

中调

以中纯度色占画面面积的70%以上构成中纯度基调即中调。中调给人以中庸、文雅、可靠的感觉，中弱对比给人的感觉对比太弱，容易产生含混不清的毛病。在画面中加入少量点缀色彩可以取得理想的效果。

灰调

以低纯度色占画面面积的70%以上构成低纯度基调即灰调。灰调给人以平淡、消极、无力、陈旧，但也有自然、简朴、耐用、超俗、安宁、无争、随和的感觉。如果应用不当特别是灰弱对比也会产生脏、土气等毛病。适当加入点缀色比较理想。

②色彩的调和

色彩调和是指两个或者两个以上的色彩，有秩序、协调和谐地组织在一起，能使之产生心灵愉快、喜欢、满足等色彩的搭配叫色彩的调和。

最常用的同一调和构成方法（如图5-9～图5-12）：

图5-9　混入同一色（白、黑、灰等）

互混调和（图 5-10）：

图 5-10　互混调和

点缀同一色调和（图 5-11）：

图 5-11　点缀同一色调和

连贯同一色调和（图 5-12）：

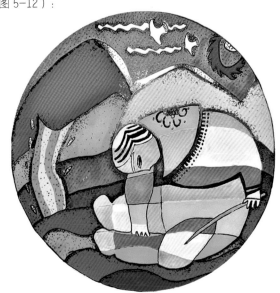

图 5-12　连贯同一色调和

③色彩的联想

色彩的联想（具象联想）：

红色：火、血、太阳……

橙色：灯光、柑橘、秋叶……

黄色：光、柠檬、迎春花……

绿色：草地、树叶、禾苗……

蓝色：大海、晴空、水……

紫色：丁香花、葡萄、茄子……

黑色：夜晚、墨、炭、煤……

白色：白云、白糖、面粉、雪……

灰色：乌云、草木灰、树皮……

色彩的联想（抽象联想）：

红色：热情、活力、危险……

橙色：温暖、喜欢、嫉妒……

黄色：光明、希望、快活……

绿色：和平、安全、生长、新鲜……

蓝色：平静、理智、深远……

紫色：高贵、庄重、神秘……

黑色：严肃、刚直、恐怖、死亡……

白色：纯洁、神圣、干净、光明……

灰色：平凡、朴素、谦逊……（如图 5-13、图 5-14）

图 5-13　色彩的联想：春夏秋冬

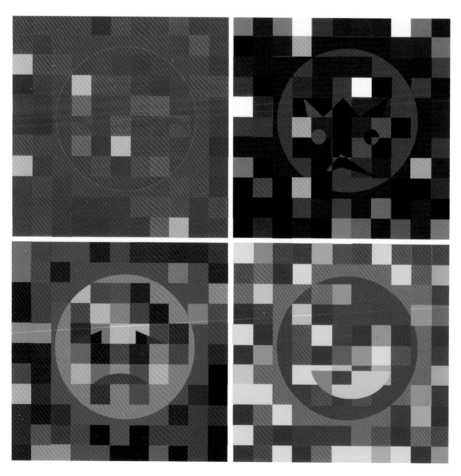

图 5-14　色彩的联想：喜怒哀乐

（3）色相

色相指色彩的相貌，是区别各种不同色彩的名称。色彩的三原色红、黄、蓝（如图5-15）。

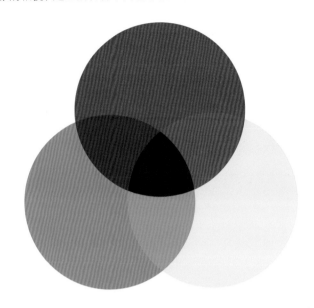

图 5-15　色彩的三原色

①类似色

色相之间的距离角度在 45° 左右以内的色相可构成类似色调，是色相的弱对比（如图5-16）。

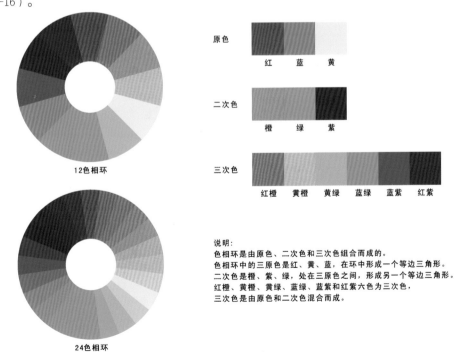

12色相环

24色相环

原色

红　蓝　黄

二次色

橙　绿　紫

三次色

红橙　黄橙　黄绿　蓝绿　蓝紫　红紫

说明：
色相环是由原色、二次色和三次色组合而成的。
色相环中的三原色是红、黄、蓝，在环中形成一个等边三角形。
二次色是橙、紫、绿，处在三原色之间，形成另一个等边三角形。
红橙、黄橙、黄绿、蓝绿、蓝紫和红紫六色为三次色，
三次色是由原色和二次色混合而成。

图 5-16　类似色

类似色色调因色相之间含有共同的因素，因而既显得统一、和谐、雅致，又有一定变化，容易产生理想的效果（如图 5-17）。

图 5-17　类似色

②对比色

　　色相之间的距离角度在 100° 左右（即 100°～140° 以内）的色相可构成对比色调，是色相的强对比。

　　对比色色调因色相之间很少含有共同的因素，因此比类似的更鲜明、明确、饱满、丰富、强烈。

　　红与蓝 / 红与黄 / 蓝与黄 / 红黄蓝 / 橙与绿 / 绿与紫 / 橙与紫 / 橙绿紫（如图 5-18）：

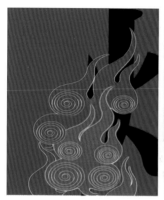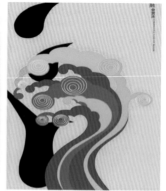

图 5-18　对比色

③互补色

色相之间的距离角度在 180° 左右的色相可构成互补色调，是色相的最强对比。

互补色调的色彩感更强烈、更丰富、更完美、更有刺激性。

黄与紫 / 红与绿 / 蓝与橙（如图 5-19）：

图 5-19　互补色

3. 色彩的性格

色彩是产品给人的第一印象，而这一印象，就是色彩表现出的性格特征。

（1）红的色彩性格

由于红色容易引起注意，所以在各种设计实践中也被广泛利用（如图 5-20、图 5-21）。

图 5-20　红色的产品

大红	桃红	深红	玫瑰红

图 5-21　红色

（2）橙的色彩性格

　　橙色明度高，在工业安全用色中橙色即是警戒色，如火车头、登山服装、背包、救生衣等（如图 5-22、图 5-23）。

图 5-22　橙色的产品

鲜橙	橘橙	朱橙	香吉士

图 5-23　橙色

（3）黄的色彩性格

黄色明度非常高，在工业安全用色中，黄色即是警告与危险色，常用来警告危险或提醒注意，如交通信号上的黄灯、工程用的大型机器、学生用雨衣及雨鞋等，都使用黄色（如图5-24、图5-25）。

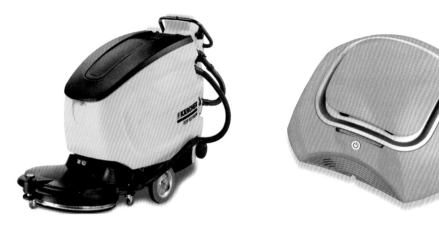

图5-24　黄色的产品

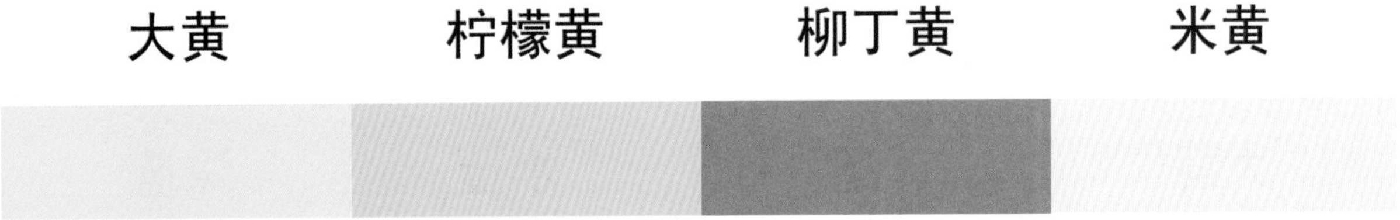

大黄　　　　　**柠檬黄**　　　　　**柳丁黄**　　　　　**米黄**

图5-25　黄色

（4）绿的色彩性格

绿色所传达的是清爽、理想、希望、生长的意象，很符合服务业、卫生保健业的要求（如图5-26、图5-27）。

图5-26　绿色的产品

大绿	翠绿	橄榄绿	墨绿

图 5-27　绿色

（5）蓝色的色彩性格

　　由于蓝色沉稳的特性，具有理智、准确的意象。在商业设计中，强调科技、效率的商品或企业形象，大多选用蓝色当标准色及企业色（如图 5-28、图 5-29）。

图 5-28　蓝色的产品

大蓝	天蓝	水蓝	深蓝

图 5-29　蓝色

（6）紫色的色彩性格

　　由于具有强烈的女性化性格，在产品设计用色中，紫色也受到相当的限制。除了和女性有关的商品或企业形象之外，其他类的设计不常采用其为主色（如图 5-30、图 5-31）。

图 5-30　紫色的产品

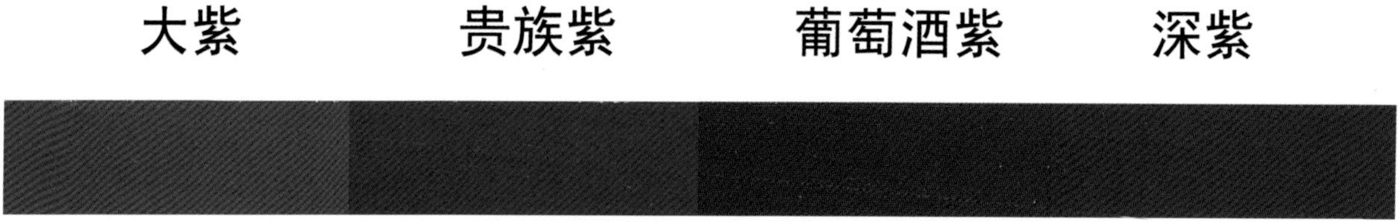

大紫	贵族紫	葡萄酒紫	深紫

图 5-31　紫色

（7）褐色的色彩性格

褐色通常用来表现原始材料的质感，如麻、木材、竹片、软木等，或用来传达某些饮品原料的色泽与味感，如咖啡、茶、麦类等，或强调格调古典优雅的企业或商品形象（如图 5-32、图 5-33）。

图 5-32　褐色的产品

茶色	可可色	麦芽色	原木色

图 5-33　褐色

（8）白色的色彩性格

白色具有高级、科技的意象。在使用白色时，都会掺一些其他的色彩，如象牙白、米白、乳白、苹果白等。在生活用品上，白色是永远流行的主要色，可以和任何颜色作搭配。

（9）黑色的色彩性格

黑色具有高贵、稳重、科技的意象，是许多科技产品的用色，如电视、跑车、摄影机、音响、仪器的色彩，大多采用黑色。

（10）灰色的色彩性格

灰色具有柔和、高雅的意象，而且属于中间性格，男女皆能接受，所以灰色也是永远流行的主要颜色（如图 5-34）。

图 5-34　白色、黑色、灰色的产品

4. 设计快速表现图色彩表现要点

（1）色彩不要太多，一般以一种色彩为主色调，一幅作品中有 2～3 种颜色就足够了。

（2）画面色彩应该注重整体性的表现，尽量少用不协调的色彩。

（3）强调色彩的明暗关系，注意立体感的塑造。

（4）根据所画产品的属性、特点、针对人群等方面来考虑色彩。

（5）注意背景的应用，通过背景的色彩与产品形成对比，起到突出主体的作用（如图 5-35）。

图 5-35　汽车快速表现图

二、材质表现

1. 材质

许多材料都具有鲜明的视觉个性。当我们在抚摸物体材料表面的组织构成时，就会产生对物体表面材料质地肌理的独特感觉，有些直接通过眼睛就可以感受到手触摸时的感觉，如织物、大理石和金属、塑料等材料之间的差别就很容易通过视觉区分出来。材料所具有的这种特征，一般被称为质感。

不同的材料质感不仅能帮助我们认识自然界千姿百态的材料质地及构成特性，而且能引发我们的创意灵感。如利用塑材的轻巧、弹性、手握舒适等特点制作日常家用器具；利用金属的坚硬、厚重制作重工业生产器具；利用织物的柔软、耐磨制作坐卧物品。

作为实用设计的美感，是由形美、色美、材料美三种因素构成的，形、色、材料三大要素是实用设计缺一不可而且相互统一的整体。

快速表现必须遵守准确传达信息的原则。因为快速表现的功能不仅是一般的设计记录，更重要的是向他人传达设计思想。要做到这一点，材料的质感是不可忽视的重要表现内容。

物体的光滑、粗糙、沉重、透明、干湿、软硬等造成了产品表面各自的特征，在产品设计中，各种不同材料都需以不同的方法来显示其特有的质感。

2. 不同材质性格

钢材等金属材质——坚硬、沉重；

铝材——华丽、轻快；

铜——厚重、高档；

塑料——轻盈；

木材——朴素、真挚。

这种材质性格并不是固定不变的，还要靠我们在实际应用中不断总结，善于运用材质的性格，为塑造优质产品打下基础。

（1）强反光材料

主要有不锈钢、镜面材料、电镀材料等。受环境影响较多，在不同的环境下呈现不同的明暗变化。其特点主要是：明暗过渡比较强烈，高光处可以留白不画，同时加重暗部处理。笔触应整齐平整，线条有力，必要时可在高光处显现少许彩色，更加生动传神（如图5-36、图5-37）。

图5-36　强反光材料

图 5-37　强反光材料

（2）半反光材料

主要有塑料及大理石等。塑料表面给人的感觉较为温和，明暗反差没有金属材料那么强烈，表现时应注意它的黑白灰对比较为柔和，反光比金属弱，高光强烈。大理石质地较硬，色泽变化丰富，表现时先要给出一个大基调，再用细笔勾画出纹理（如图 5-38、图 5-39）。

图 5-38　半反光材料

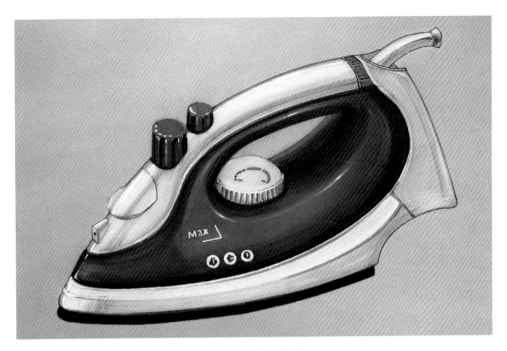

图 5-39　半反光材料

（3）反光且透光材料

主要有玻璃、透明塑料、有机玻璃等。这类材料的特点是具有反光和折射光，光彩变化丰富，而透光是其主要特点。表现时可直接借助于环境底色，画出产品的形状和厚度，强调物体轮廓与光影变化，注意处理反光部分。尤其要注意描绘出物体内部的透明线和零部件，以表现出透明的特点（如图 5-40、图 5-41）。

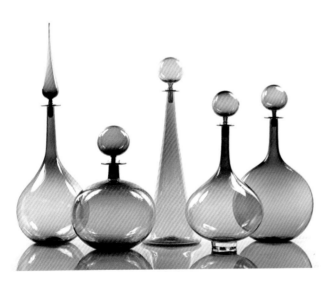

图 5-40　反光且透光材料

图 5-41　反光且透光材料

（4）不反光也不透光材料

分为软质材料和硬质材料两种。软质材料主要有织物、海绵、皮革制品等。硬质材料主要有木材、亚光塑料、石材等。它们的共性是吸光均匀、不反光，且表面均有体现材料特点的纹理。在表现软质材料时，着色应均匀、湿润，线条要流畅，明暗对比柔和，避免用坚硬的线条，不能过分强调高光。表现硬质材料时，描绘应块面分明、结构清晰、线条挺拔明确，如木材可以用枯笔来突出纹理效果（如图 5-42、图 5-43）。

图 5-42　不反光也不透光材料

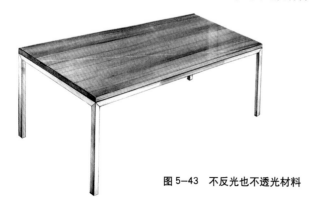

图 5-43　不反光也不透光材料

第六章　产品快速表现实例

一、金属材质产品实例——吹风筒

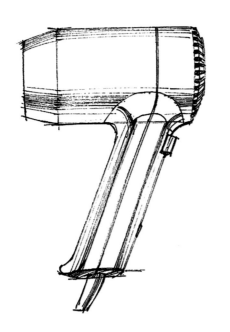

1. 首先用黑色签字笔打好吹风筒的线稿，在保证线条有力、流畅性的前提下，同时要注意虚实变化。线条的重复体现出吹风筒的明暗转折变化。

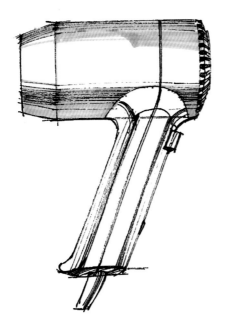

2. 吹风筒上端风筒处为不锈钢材质，因此选用冷灰色的马克笔加以着色。因为马克笔的颜色画浅了可以加深，但画深了是无法改浅的这一特性，所以先用较浅的颜色画出灰面和暗面，注意处理线条时在整体的基础上稍加变化，亮部要留白。

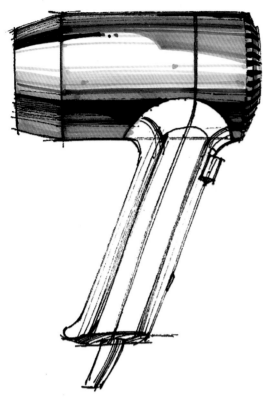

3. 在一层浅色的基础上逐渐加重，由于不锈钢材质明暗之间的对比非常强烈，所以可以在亮部留白处直接画一笔黑色，这样能够更好地突显材质的特点。注意笔触应整齐平整。

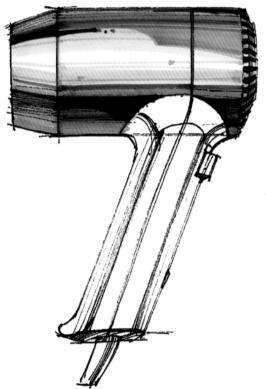

4. 表现不锈钢这类金属材质时，可以用色粉在产品的上部和下部分别涂上蓝色和黄色，突显反射的天空和大地的颜色，增强材质质感，使画面更加生动传神。

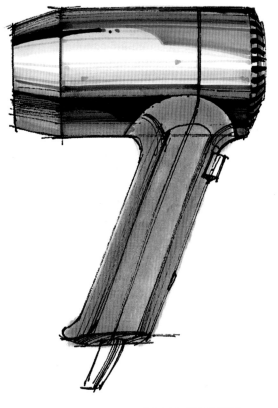

5. 吹风筒的手柄处为塑料材质，在表现时同样选择先用较浅的颜色着色，这里选用的是红色的色粉。

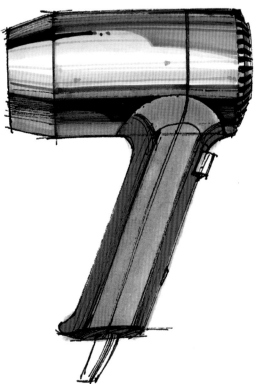

6. 然后用中间轻重的红色马克笔画出手柄的明暗关系。

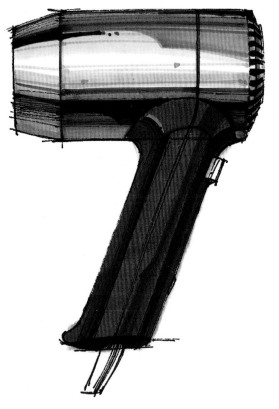

7. 用较深的红色深入刻画手柄的黑、白、灰三大面。

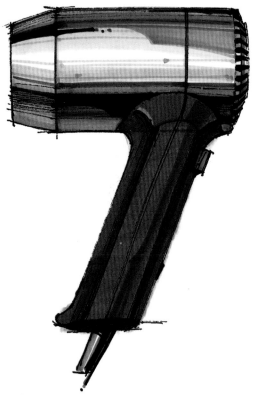

8. 表现产品时要注重产品细节的刻画。用灰色的马克笔表现出
按键和电线。

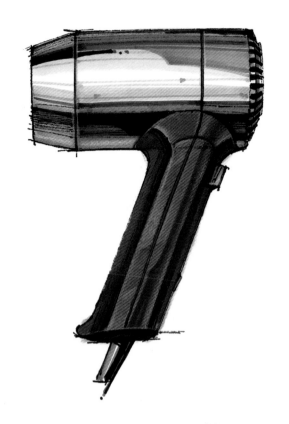

9. 为了使产品的结构更加清晰明了，用白色的铅笔勾画出结构线的边缘以及明暗面的边缘。

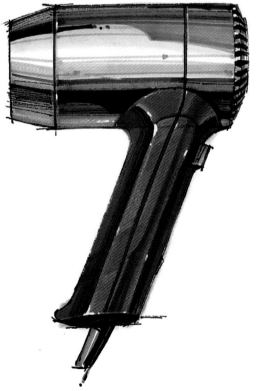

10. 用白色的油漆笔或白水粉在形体的高光处和转折处点高光。使得产品材质的质感体现得更为淋漓尽致，同时也更为生动地表现该产品。

1. 为了更好地表现玻璃器皿的质感，首先选用了一张米灰的康颂纸。用黑色的签字笔画好线稿，注意线
   条的远、近、虚、实变化。

2. 由于纸的颜色是暖灰的,为使画面色彩更为协调所以选用暖灰的马克笔,先用浅颜色画出交界线及投影。

3. 用中间深度的灰色逐步加深。

4. 用深灰画出玻璃器皿的杯底、杯口及边缘轮廓。

5. 用黑色深入刻画杯底、杯口、交界线等决定产品形态的关键位置，强调出物体轮廓以及内部的透明线，
   更好地表现出玻璃材质透明的质感。

6. 玻璃材质具有反光和折射光，光影变化丰富，而透光是其主要特点。因此，用白色的铅笔勾画出产品
   的形状和厚度与光影的变化，同时也要注意处理反光部分。

7. 最后用白色的水粉点取高光、反光和折射光的部分，把玻璃器皿的质感表现得晶莹剔透。

三、塑料材质产品实例——电热水壶

1. 在进行产品的快速表现时，首先都离不开画产品的骨线。因此，先用黑色签字笔勾画出产品的骨线。

2. 色粉过渡变化柔和，适合表现弧形、圆形和球形的产品。这个电热水壶弧面较多，因此用红色色粉先进行着色。

3. 用较浅的红色马克笔画出壶盖处的光影，以此表现塑料材质质地的光滑，增加画面的可看性。

4. 画产品要抓住明暗交界线，用中间深度的红色马克笔强调各部分的交界线；并用较浅的红色马克笔加以调整。

5. 用深红色的马克笔强化明暗关系。

6. 注重细节的变化及色彩的搭配，出水口和壶底用暖灰的马克笔加以表现，增强了画面的美感和层次感。

7. 操作面板处的液晶屏和按键要精细地表现出来，细节表现得好与坏决定了整幅作品的成败。

8. 用灰色和黑色有层次地表现出投影，投影的表现突显出产品的体感。

9. 最后，用白色的铅笔和水粉刻画水壶的结构并提出高光，很好地表现了塑料材质的坚硬、光滑、色彩艳丽的质感。

四、木材材质产品实例——床

1. 木材质地坚硬，用挺拔明确的线条画出线稿。

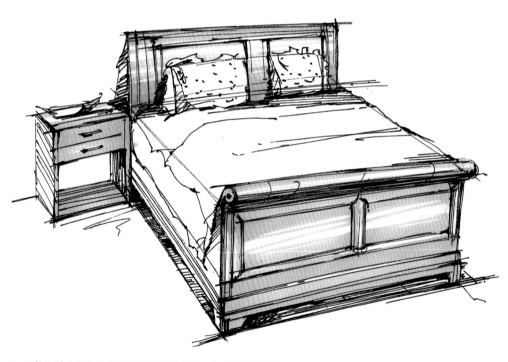

2. 用较浅的浅棕色马克笔画出亮面和灰面，注意亮面要适当留白。床头部分的造型有弧度，因此也要适
   当留白，以表现弧形的造型。

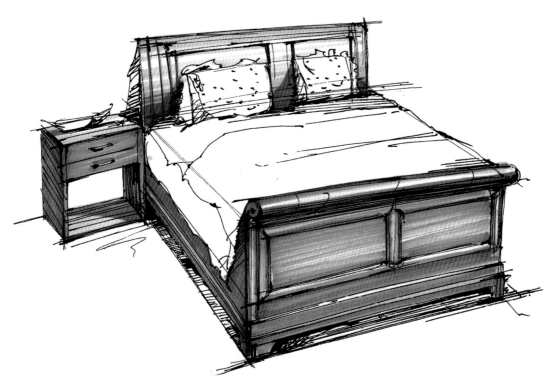

3. 用中间深度的棕色马克笔画出暗面，并调整灰面，注重一些细节的表现。

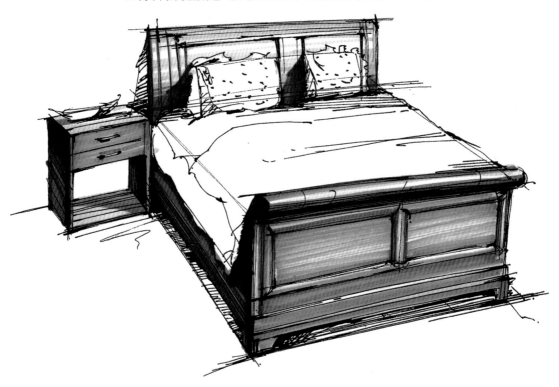

4. 用深色的棕色马克笔刻画床体的暗部，使床体块面分明、结构清晰，体现出木材的特征。

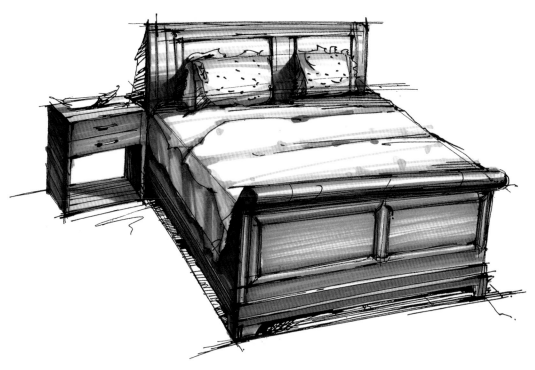

5. 用灰色的马克笔表现白色的被褥及枕头。由浅入深地刻画出褶纹的起伏关系。

6. 注重投影的变化。用黑色和灰色马克笔按照投影近实远虚的变化规律，画好床及床头柜、玻璃器皿的投影。

7. 表面的纹理是木材的最大特征，因此用棕色的彩色铅笔画出纹理，注意纹理不要画得过多，以避免凌乱、琐碎。

8. 用白色的油漆笔，在局部精心地点取少许的高光点，以表现木材上漆的光滑表面。注意高光不宜过多过亮。

图书在版编目（CIP）数据

产品设计／卜立言，卜一丁，张娜著.—上海：上海人民
美术出版社，2015.1
（30分钟快速表现）
ISBN 978-7-5322-8693-5

Ⅰ.①产… Ⅱ.①卜… ②卜… ③张… Ⅲ.①产品设
计 Ⅳ.①TB472

中国版本图书馆CIP数据核字（2013）第278970号

30分钟快速表现

产品设计

著　　者：卜立言　卜一丁　张　娜
责任编辑：霍　覃
技术编辑：朱跃良
出版发行：上海人民美術出版社
　　　　　（上海市长乐路672弄33号）
　　　　　邮编：200040　电话：021-54044520
网　　址：www.shrmms.com
印　　刷：上海海红印刷有限公司
开　　本：787×1092　1/16　6印张
版　　次：2015 年 1 月第 1 版
印　　次：2015 年 1 月第 1 次
印　　数：0001-3300
书　　号：ISBN 978-7-5322-8693-5
定　　价：36.00元